Trinus Bußmann

„Öltank" – Simulation einer Real-Situation

GRIN Verlag

Impressum:

Copyright © 2010 GRIN Verlag GmbH
Druck und Bindung: Books on Demand GmbH, Norderstedt Germany
ISBN: 978-3-640-80026-1

Unterrichtsentwurf

2. Unterrichtsbesuch (UB I) (Fachleiter/in)   ☐ Prüfungsunterricht I (PU I)

Unterrichtsbesuch (UB II)   ☐ Prüfungsunterricht II (PU II)

Wochentag/Datum/Uhrzeit: Donnerstag   27.05.2010   14.00 – 14.45 Uhr

Studienreferendar/in:	Trinus Bußmann
Referendargruppe:	0411
Fachleiter/in (Fachrichtung):	
Fachleiter/in (Unterrichtsfach):	
PS-Vertreter/in:	
Vorsitzende/r (PUI/PUII):	
Fachlehrer/in:	
Schulleiter/in:	

Angaben zur Klasse

- Kurzbezeichnung:
- Ausbildungsberuf/Schulform:
  (BS-Teilzeit,BFS,BGJ,BS,BVJ,FGy,FOS)   Berufsfachschule Mechatronik
- Schülerzahl: 13
- Schule/Ort/Standort: BBS II / Emden / Emden
- Raum: W 18

Fachrichtung oder Unterrichtsfach: (Bezeichnung im Seminar)	Elektrotechnik
Unterrichtsfach/Lernfeld:	LF 4: Untersuchen der Energie- und Informationsflüsse in elektrischen, pneumatischen und hydraulischen Baugruppen
Unterrichtsgebiet:	Automatisierungstechnik (LOGO!)
Unterrichtsthema:	„Öltank" – Simulation einer Real-Situation

Inhaltsverzeichnis

1   Analyse des Bedingungsfeldes

1.1   Der Referendar

Ich unterrichte die Klasse seit Februar 2010 mit zwei Wochenstunden eigenverantwortlich. Das Verhältnis zur Klasse empfinde ich als freundlich und entspannt. Ich fühle mich von der Klasse akzeptiert, da ich nicht nur bei selbstständigen Arbeitsphasen als Lehrperson zur Klärung fachlicher Probleme, sondern auch über den Unterricht hinaus um Rat gefragt werde. Meine Kompetenzen zu diesem Unterrichtsgebiet habe ich durch meine Ausbildung, meines Ingenieurstudiums und meiner Tätigkeit als Ingenieur erworben. Vertieft wurden die Inhalte durch eigenes Literaturstudium und praktischer Programmierung. Unterrichtet habe ich das Thema nur im Rahmen der Makrosequenz (s. Anhang IV).

1.2   Organisatorische Rahmenbedingungen

Die BFEMA 1 wird in Raum W 16 unterrichtet. Der heutige Besuch wird in W 18 stattfinden, da die Lichtverhältnisse für den Beamer in W 16 zu hell sind. Über den Beamer werden die Schülerergebnisse dargestellt Die Tische sind zu drei Gruppenarbeitsplätzen zusammen gestellt. Die Schülergruppen arbeiten an Laptops, da zum einen die Software (LOGO!Soft Comfort 2.0) installiert wurde und zum anderen könnten diese an den Beamer angeschlossen werden.

2   Analyse der curricularen Vorgaben

Für die Berufsfachschule -Mechatronik- ist der Rahmenlehrplan nach Beschluss der Kultusministerkonferenz vom 30.01.1998 maßgebend[1]. In dieser Unterrichtseinheit lernen die Schüler den Zusammenhang logischer Verknüpfungen, um einen Kundenauftrag zu realisieren. Dieses ist ein Grundbaustein für den weiteren Verlauf der Makrosequenz (s. Anhang IV).

Im Rahmenlehrplan zum Lernfeld 4 „Untersuchen der Energie- und Informationsflüsse in elektrischen, pneumatischen und hydraulischen Baugruppen" ist dieser inhaltliche Schwerpunkt der Stunde explizit mit einem Lernziel ausgewiesen: „(...) beherrschen steuerungstechnische Grundschaltungen (...) Inhalte: (...) Grundschaltungen der Steuerungstechnik(...)"[2].

3   Didaktisch-methodische Konzeption

Zu Beginn der Stunde werde ich Transparenz schaffen, indem ich den Schülern das heutige Stundenthema „*Öltankanlage - Simualtion einer Realsituation*" vorstelle. Zudem zeige ich den Stundenverlauf auf einem Flipchartbogen, um die Schüler für die heutige Stunde zu sensibilisieren.

Ich teile die Klasse in drei heterogene Leistungsgruppen ein. Ich hätte auch eine Partnerarbeit wählen können, doch aus Zeitgründen ist eine Gruppenarbeit mit einer Gruppengröße von 3 – 4 Schülern effektiver.

---

[1] Rahmenlehrplan für den berufsfeldbezogenen Lernbereich in der Berufsfachschule, Berufsfeld Mechatronik
[2] Rahmenlehrplan für den berufsfeldbezogenen Lernbereich in der Berufsfachschule, Berufsfeld Mechatronik, Beschluss der Kultusministerkonferenz (1998), S.9.

Nachdem ich die Schüler in leistungsheterogene Gruppen eingeteilt haben, werden die Arbeitsblätter ausgeteilt.

Den schriftlichen Arbeitsauftrag werde ich von Aike vorlesen lassen, damit er motiviert ist und eine positive Einstellung zur Aufgabe entwickelt. Danach lasse ich noch einmal Kai mit eigenen Worten wiedergeben, was als Arbeitsauftrag zu machen ist. Durch gezieltes Ansprechen der beiden Schüler wird noch einmal das Interesse zur Aufgabe geweckt. Alle Schüler kennen bereits dieses Verfahren, da ich es bei jeder Stunde je nach Situation einstreue.

Bevor die Schüler mit dem Arbeitsauftrag beginnen, frage ich ins Plenum, welcher Arbeitspunkt als erster Sinn macht und warum? Ich möchte die Schüler kognitiv abholen, warum gewisse Schritte am Anfang von Vorteil sind. Die Schüler sollen durch Fragen meinerseits aufgefordert werden Entscheidungen zu treffen. Aus diesem Grund lasse ich die Nummerierung auf dem Arbeitsblatt weg.

Die Schüler bearbeiten die erste Aufgabe (Zuordnungsliste und Wertetabelle). Nach einer Arbeitszeit von 10 min sollen diese Ergebnisse präsentiert werden. Dieses mache ich aus dem einfachen Grund, damit die Schüler wissen, ob Sie auf dem richtigen Weg sind. Durch die Beschriftung der Zuordnungsliste, fällt es den Schülern leichter die Variablen zu benennen. Mir ist es wichtig, dass eine fremde Person (Fachpersonal) das Programm verstehen kann und ggf. bei Bedarf ändern könnte. Zudem sind kleine Präsentationsphasen sehr wichtig, damit dieses geschult wird. Hierbei werde ich leistungsschwächere Schüler wie Tido, Wolfgang und Jochen an das Flipchart bitten. Die Ergebnisse werden auf einem DIN A3 Ausdruck festgehalten. Dies hat den Vorteil, dass die Schüler bei den darauf folgenden Arbeitsaufträgen sich noch einmal vergewissern können, welcher Schritt als nächster zu tun ist.

Durch das Festlegen der Zuordnungsliste und der Wertetabelle wird die nächste Arbeitsphase eingeleitet. Die Schüler sollen in ihren festgelegten Gruppen ein FBD (Funktions-Block-Diagramm) erstellen. Durch eine Gruppenarbeitsphase werden die Schüler sensibilisiert gemeinsam zu arbeiten, um das Problem zu lösen. Die leistungsschwächeren Schüler werden von den leistungsstärkeren Schülern unterstützt. Somit sinkt die Frustration bei den Aufgaben. Ich habe gute Erfahrungen durch Gruppenarbeitsphasen in dieser Klasse gemacht (s. Anhang Makro). Es hat sich gezeigt, dass die Ergebnisse qualitativ besser waren als in Einzel- oder Partnerarbeit.

Durch die Simulation mit der LOGO!Soft haben die Schüler gleichzeitig eine Ergebnissicherung, ob die Theorie mit der Praxis übereinstimmt. Man könnte hierbei eine LOGO! verwenden um das Beispiel noch praxiszentrierter zu präsentieren, doch haben die Schüler bisher noch keine Erfahrungen mit der LOGO! gemacht. Deswegen habe ich den Weg mit der Simulation gewählt. Für spätere Aufgaben sind die Erfahrungen mit der LOGO! vorgesehen. Die Version 2.0 wurde gewählt, da die Schüler bisher nur mit dieser Version gearbeitet haben.

Im Idealfall sollten unterschiedliche, korrekte Lösungen vorgestellt werden, so dass die Schüler erkennen können, dass eine digitale Steuerung mehrere Lösungsvarianten zulässt.

Zur Ergebnissicherung sollen alle Schüler eine bzw. mehrere vorgestellte und korrekte Lösung der Zuordnungsliste und FBD auf das Arbeitsblatt übernehmen.

4   Lern- und Handlungsziele/Kompetenzen

Übergeordnetes Stundenlernziel: Die Schüler sollen am Beispiel einer Füllstandanzeige eines Öltanks die logischen Verknüpfungen erstellen und mit der LOGO!Soft Comfort testen

Stundenlernziel: Die Schüler sollen...

(FK1) ... ihre Planungsaktivitäten stärken, indem sie den Arbeitsauftrag durchlesen und die Reihenfolge der Arbeitsaufträge festlegen.

(FK2) ... ihre Programmierkenntnisse stärken, indem sie das FBD bearbeiten und diesen durch die Simulation testen.

(FK3) ... die Funktionsweise ihres erstellten Steuerprogramms erklären können, indem sie die Prozessabläufe anhand des zugehörigen Funktions-Block-Diagramms und einer Simulation erläutern.

(MK1) ... eigenverantwortlich mit der Gruppe arbeiten, indem sie eine Problemlösung entwickeln.

(SK 1) ... ihr Sozialverhalten verbessern, indem sie während der Arbeitsphasen konzentriert arbeiten.

(SK 2) ... ihre Kommunikationskompetenzen verbessern, indem sie ihre Kenntnisse mit einem Partner bzw. im Plenum austauschen und anderen aktiv zuhören.

5   Lernerfolgskontrolle

Die Lernziele (FK 1, FK 2, SK 1, SK 2) lassen sich in den Präsentationsphasen zum einen anhand der Erläuterungen der Schüler und zum anderen durch gezielte Fragen (FK 1, FK 2) meinerseits kontrollieren. Eine weitere Kontrollmöglichkeit ist die Beobachtung der Schüler während der Arbeitsphasen.

Darüber hinaus wird eine Klassenarbeit für die gesamte Makrosequenz geplant, sodass mit den erreichten Noten ebenfalls Rückschlüsse auf den Lernerfolg möglich sind.

6   Anhang

6.1   Quellenangabe

<u>Fachbücher:</u>

Bartenschlager, J., Hebel, H., Klatt, Th., Lämmlin, G., Scheib, A. (2008).
Fachkunde Mechatronik. Verlag Europa Lehrmittel

Graue, U., Thielert, M., Wenzl, L. (2009). *LOGO! Praxistraining.* Verlag Westermann

Tapken, H. (2008) *LOGO!.* Verlag Europa Lehrmittel

Richter, C.; Meyer, R. (2004). *Lernsituationen gestalten -Berufsfeld Elektrotechnik.* Troisdorf:
Bildungsverlag EINS

Tkotz, K., Bastian, P., Bumiller, M., Burgmaier, M., Eichler, W., Käppel, T., Klee, W., Kober, K.,
Manderla, J., Schwarz, J., Spielvogel, O., Winter, U., Ziegler, K., (2008). *Fachkunde Elektrotechnik.*
Verlag Europa Lehrmittel, Haan Gruiten.

Rahmenlehrplan für den Ausbildungsberuf Mechatroniker / Mechatronikerin von 1998

<u>Seminarunterlagen:</u>

UE (2007), *Unterrichtsentwurf UBII*, Studienseminar Oldenburg. [Online PDF]. Verfügbar unter:
https://bbs-
bscw.nibis.de/bscw/bscw.cgi/d2292543/Markisensteuerung%20mit%20LOGO.pdf%20UB%20II.pdf

6.2   Erklärung

Ich versichere, dass ich den Unterricht selbstständig vorbereitet und bei Anfertigung des Entwurfs
keine anderen als die angegebenen Hilfsmittel benutzt habe. Die Stellen des Entwurfs, die im Wortlaut
oder im wesentlichen Inhalt anderen Quellen entnommen worden sind, habe ich mit genauer
Quellenangabe kenntlich gemacht.

___________________________________   ___________________________________

Ort, Datum   Unterschrift

6.3   Geplanter Unterrichtsverlauf

Unterrichtsphase/ -schritte	Lern-ziele	Sozial- und Aktions-formen	Medien

Einstieg/ Informieren I
  L. begrüßt die Schüler und stellt den Stundenverlauf (s. Anhang V) vor
  (Struktur und Transparenz für die heutige Stunde)
• L. teilt die Gruppen heterogen ein (s. Anhang VII)
• L. verteilt die Arbeitsblätter an die Schüler (s. Anhang VIII)
• S. liest den Arbeitsauftrag vor.
• L. bittet S. den Arbeitsauftrag mit eigenen Worten wiederzugeben
	FK1	UG	• Flipchart,
			• Anhang V
			• Anhang VII
			• Anhang VIII (AB)

Planen I • Problematisierung: L. fordert die S. auf, erste notwendige Schritte bzw. erste zu verwendende Bausteine zu nennen, die für die Erledigung des Arbeitsauftrages nötig sind (Warum zu erst die Zuordnungsliste / Wertetabelle?) • S. planen ihre Vorgehensweise und nennen mir die wichtigsten Elemente. Diese trage ich auf einem A3 Ausdruck auf.	FK1, MK1, SK2	UG, ST	• Flipchart, • Anhang V • Anhang VIII (AB)
Entscheiden I/ Ausführen I • S. bearbeiten die Aufgabe (Zuordnungsliste/Wertetabelle) des Arbeitsauftrages und erstellen eine Zuordnungsliste und Wertetabelle • L. gibt, falls nötig, minimale Hilfestellungen	FK3, MK1, SK1	ST, GA	• Flipchart, • Anhang VIII (AB)
Präsentationsphase I (Kontrollieren/ Auswerten) • S. präsentieren ihre Ergebnisse • L. stellt Kontrollfragen zu den Details der Wertetabelle. Dabei werden die Fragen bevorzugt an die Leistungsschwächeren gerichtet • S. halten, falls nötig, die Ergebnisse fest, um sie später in ihren FBD einzubauen	FK3, SK2	SPrä, UG	• Flipchart, • Anhang VIII (AB) • Schülerlösung
Beginn des Unterrichtsbesuches um 14 Uhr während der Arbeitsphase			
Planen II / Ausführen II • L. fordert die S. auf in Gruppenarbeit den Arbeitsauftrag abzuarbeiten (FBD und Simulation) • L. gibt, falls nötig, minimale Hilfestellungen • S. kontrollieren die Funktion der Steuerung mithilfe der Simulation	FK2, MK1, SK1	ST, GA	• Flipchart, • Anhang VIII (AB) • Schülerlösung • LOGO!Soft Comfort • Laptop
Kontrollieren/ Ergebnissicherung • S. stellen dem Plenum ihre Ergebnisse vor • L. stellt Kontrollfragen zu den Details der FBD. Dabei werden die Fragen bevorzugt an die Leistungsschwächeren gerichtet • S. halten alle Ergebnisse auf ihren Arbeitsblättern fest. Nach jeder Präsentation haben die S. Zeit sich die Ergebnisse zu notieren • L. gibt Ausblick auf die nächste Stunde	FK2, MK1, SK2	ST, SPrä	• Flipchart, • Anhang VIII (AB) • Schülerlösung • LOGO!Soft Comfort • Laptop • Beamer
Abbruch möglich während der drei Präsentationen			

Legende: Sozialformen: GA = Gruppenarbeit **Aktionsformen**: UG = Unterrichtsgespräch,
SPrä = Schülerpräsentation, ST = Schülertätigkeit, **Medien:** AB = Arbeitsblatt,
S. = Schüler/innen, L.= Lehrer
FBD = Funktions-Block-Diagramm

6.4   Makrostruktur

Lerngebiet / Lernfeld: LF 4 Untersuchen der Energie- und Informationsflüsse in elektrischen, pneumatischen und hydraulischen Baugruppen

Leitidee / Makroziel: Programmieren der LOGO!

Thema der Makrosequenz / Lernsituation: beherrschen steuerungstechnische Grundschaltungen

Ausgangsfall / komplexe Ausgangssituation: Simulation einer Realsituation am Beispiel Öltank

Datum/Stunde	1./2.	3./4.	5./6.	7./8.	9./10.
Thema	Analyse der Funktion einer Stanze	Analyse der Funktion einer Ventilsteuerung! Vertiefung der Grundlagen	Umsetzung eines Kundenauftrages am Bsp. Stanze	Umsetzung einer Problemstellung an einer Förderanlage	Umsetzung einer Problemstellung anhand von einer Realsituation (Öltan
Phase der Lernhandlung	I,P,E,A,K,B	I,P,E,A,K,B	I,P,E,A,K,B	I,P,E,A,K,B	I,P,E,A,K,B
Unterrichtsinhalte	Realisieren einer • Wertetabelle • Signal-Zeit-Plan • Stromlaufplan • Funktionsplan • Funktionsgleichung anhand von einem praktischen Bsp. (Stanze)	Realisieren einer • Wertetabelle • Signal-Zeit-Plan • Stromlaufplan • Funktionsplan • Funktionsgleichung anhand von einem praktischen Bsp. (Ventilsteuerung)	Kundenauftrag (Stanze bedienen) • Wertetabelle • Funktionsplan	Problemstellung (Förderanlage) • Zuordnungsliste • FBD • Simulieren mit Software	Problemstellung (Öltank) • Zuordnungsliste • Wertetabelle • FBD • Simulation mit Software
Methodische Hinweise und Sozialformen	SPrä, GA, EA	SPrä, GA, EA	SPrä, PA, Plenum	SPrä, GA	SPrä, GA
Medien	Stundenverlaufsplan (SVP), Flipchart, Beamer, Laptop	Stundenverlaufsplan (SVP), Flipchart, Beamer, Laptop	Stundenverlaufsplan (SVP), Flipchart, Beamer, Laptop	Stundenverlaufsplan (SVP), Flipchart, Beamer, Laptop LOGO!SOFT Comfort 2.0	Stundenverlaufsplan (SVP), Flipchart, Beamer, Laptop LOGO!SOFT Comfort 2.0

Abkürzungen:

Phasen des Lernhandelns: I= Information, P= Planung, E= Entscheidung, A= Ausführen, K= Kontrolle, B= Bewerten

Sozialformen: Plenum, GA= Gruppenarbeit, PA= Partnerarbeit, EA = Einzelarbeit

Aktionsformen: SPrä = Schülerpräsentation

Medien: SVP= Stundenverlaufsplan,

6.5   Stundenverlauf (Stellwand)

Stundenverlauf:
Thema: „Öltank" – Simulation einer Real-Situation

- Begrüßung

- Stundenablauf

- Information

- Arbeitsauftrag Teil 1 (Zuordnungsliste, Wertetabelle)

  → Präsentation (Zuordnungsliste, Wertetabelle)
- Arbeitsauftrag Teil 2 (FBD, Simulation)

  → Präsentation (FBD, Simulation)
- Ergebnissicherung

6.6   Derzeitiger Notenstand und Einschätzung der Schüler

Schüler		Notenstand	Mündliche Einschätzung
		1-	+
		<u>5</u>	<u>-</u>
		1-	0
		4	-
		2	0
		1	+
		2	0 +
		3	0
		5	- 0
		<u>6</u>	<u>0</u>
		2	0
		2	0
		<u>4</u>	<u>0</u>

Bewertung der mündlichen Leistung: (+) - sehr gut bis gut
                                          (0) - gut bis befriedigend
                                          (−) - befriedigend bis ausreichend

Die unterstrichenen Schüler sind an diesem Tage beim Arbeitsamt.
(Partrick, Karsten, Les)

6.7   Sitzplan

Sitzplan Raum W18

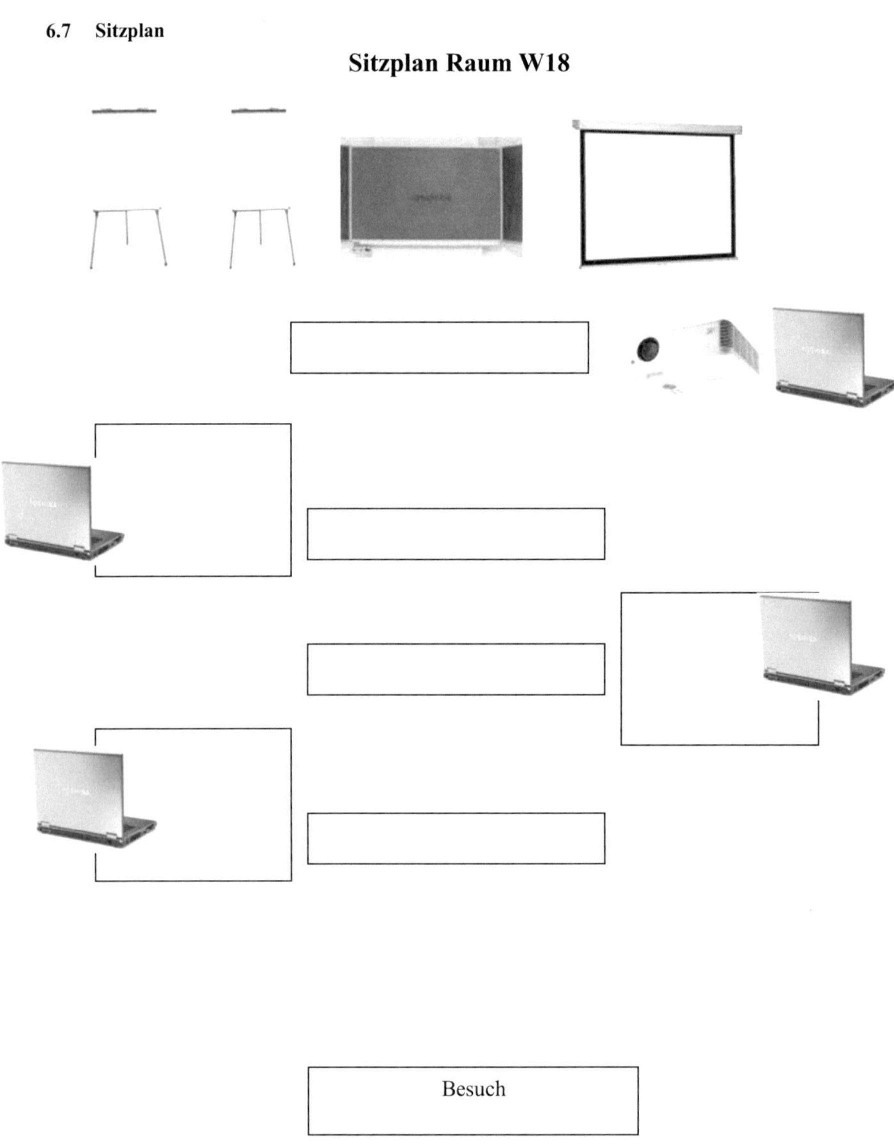

6.8   Aufgabenblatt

Mechatronik		Berufsbildende Schulen **II** Emden
Thema: **Grundlagen Automatisierungstechnik**		
Lernfeld 4 Klasse: BFEMA1 Lehrer: Trinus Bußmann	27.05.2010	

Problemstellung

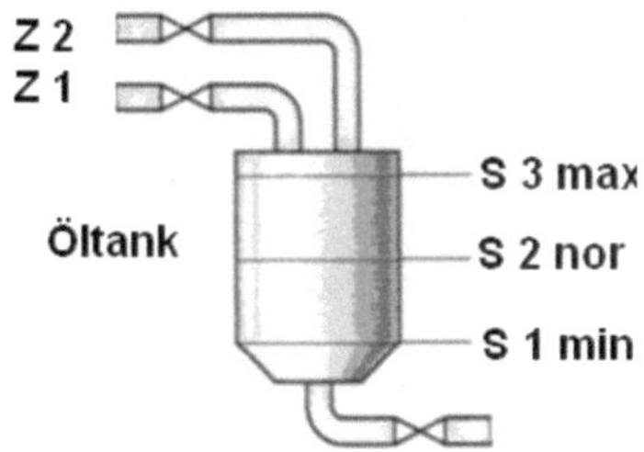

Der Öltank eines Heizkraftwerkes wird von zwei Zuleitungen gespeist. Die

Ölstände minimal (min), normal (nor) und maximal (max) werden von Sensoren (S1,

S2, S3) überwacht. Sinkt der Ölstand unter den Minimalwert, öffnen Zulauf Z1 und

Z2. Wird der Maximalwert erreicht, sind Z1 und Z2 geschlossen. Sinkt der Ölstand

zwischen Minimal- und Normalhöhe, ist Z1 geöffnet. Über Normalwert fließt durch

Z2 Öl ein.

Arbeitsaufträge:

Erstellen Sie für die oben stehende Aufgabe eine Zuordnungsliste und eine

Wertetabelle!

Erstellen Sie das zugehörige Funktions-Block-Diagramm (FBD) mit Hilfe von UND-,

ODER- und NICHT-Gliedern! <u>(FBD (LOGO) = FUP (S5/S7))</u>

Simulieren Sie diesen mit der LOGO!Soft Comfort Version 2.0

<table>
<tr><td colspan="2">Mechatronik
Thema Grundlagen
Automatisierungstechnik</td><td rowspan="2">Berufsbildende Schulen II Emden</td></tr>
<tr><td>Lernfeld 4
Klasse BFEMA1
Lehrer Trinus Bußmann</td><td>27.05.2010</td></tr>
</table>

Zuordnungsliste

Zuordnungsliste		
Betriebsmittelbez.	LOGO- Beschaltung	Betriebsmittelbeschreibung

Wertetabelle

Zeile	S3	S2	S1	Z1	Z2
0					
1					
2					
3					
4					
5					
6					
7					

Funktions-Block-Diagramm (FBD)

<u>Aufgabenblatt</u>

Mechatronik Thema Grundlagen Automatisierungstechnik	
Lernfeld 4 Klasse BFEMA1 27.05.2010 Lehrer Trinus Bußmann	Berufsbildende Schulen **II** Emden

<u>Problemstellung</u>   <u>LÖSUNG</u>

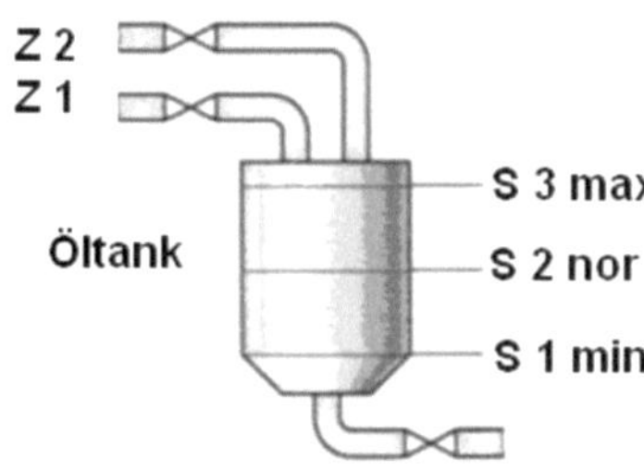

Der Öltank eines Heizkraftwerkes wird von zwei Zuleitungen gespeist. Die

Ölstände minimal (min), normal (nor) und maximal (max) werden von Sensoren (S1,

S2, S3) überwacht. Sinkt der Ölstand unter den Minimalwert, öffnen Zulauf Z1 und

Z2. Wird der Maximalwert erreicht, sind Z1 und Z2 geschlossen. Sinkt der Ölstand

zwischen Minimal- und Normalhöhe, ist Z1 geöffnet. Über Normalwert fließt durch

Z2 Öl ein.

<u>Arbeitsaufträge</u>:

Erstellen Sie für die oben stehende Aufgabe eine Zuordnungsliste und eine

Wertetabelle!

Erstellen Sie das zugehörige Funktions-Block-Diagramm (FBD) mit Hilfe von UND-

ODER- und NICHT-Gliedern! <u>(FBD (LOGO) = FUP (S5/S7))</u>

Simulieren Sie diesen mit der LOGO!Soft Comfort Version 2.0

<table>
<tr><td colspan="2">Mechatronik
Thema: Grundlagen
Automatisierungstechnik</td><td rowspan="2">Berufsbildende Schulen ∎∎ Emden</td></tr>
<tr><td>Lernfeld 4
Klasse: BFEMA1
Lehrer: Trinus Bußmann</td><td>27.05.2010</td></tr>
</table>

Zuordnungsliste

Zuordnungsliste		
Betriebsmittelbez.	LOGO- Beschaltung	Betriebsmittelbeschreibung
Z 1	Q 1	Zufluss Z 1
Z 2	Q 2	Zufluss Z 2
S 1	I 1	Minimaler Ölstand
S 2	I 2	Normaler Ölstand
S 3	I 3	Maximaler Ölstand

Wertetabelle

Zeile	S3	S2	S1	Z1	Z2
0	0	0	0	1	1
1	0	0	1	1	0
2	0	1	0	X	X
3	0	1	1	0	1
4	1	0	0	X	X
5	1	0	1	X	X
6	1	1	0	X	X
7	1	1	1	0	0

Funktions-Block-Diagramm (FBD)

(eine mögliche Lösung)

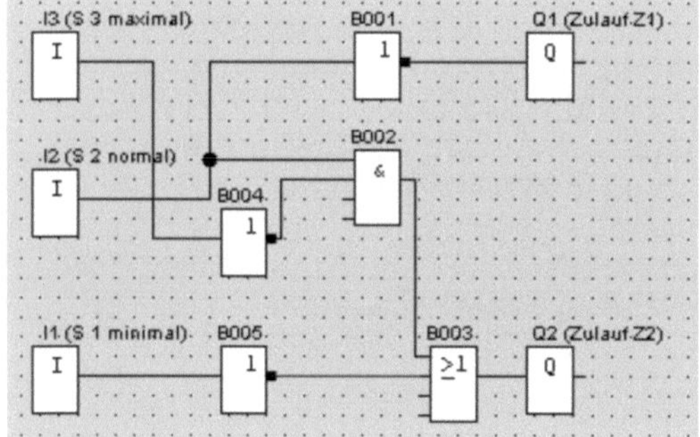